International Boutique Hotel

国际精品酒店

第二版

李壮 主编

中国林业出版社

China Forestry Publishing House

图书在版编目（CIP）数据

国际精品酒店 / 李壮主编 . -- 2 版 . -- 北京 : 中
国林业出版社 , 2017.9

ISBN 978-7-5038-9249-3

Ⅰ . ①国… Ⅱ . ①李… Ⅲ . ①饭店—室内装饰设计—
世界—图集 Ⅳ . ① TU247.4-64

中国版本图书馆 CIP 数据核字 (2017) 第 207233 号

中国林业出版社 · 建筑分社
策　　划：纪　亮
责任编辑：纪　亮　王思源
封面设计：吴　璠

出版：中国林业出版社 （100009 北京西城区德内大街刘海胡同 7 号）
网站：lycb.forestry.gov.cn
印刷：北京利丰雅高长城印刷有限公司
发行：中国林业出版社
电话：（010）8314 3518
版次：2017 年 9 月第 2 版
印次：2017 年 9 月第 1 次
开本：1/16
印张：18.125
字数：150 千字
定价：280.00 元

目录

CONTENTS

马尔代夫柏悦Hadahaa酒店

Park Hyatt Maldives Hadahaa

享誉全球的室内设计业翘楚HBA/Hirsch Bedner Associates，现已为凯悦旗下在马尔代夫的唯一一间五星级豪华酒店Park Hyatt Maldives Hadahaa注入新生命。50幢马尔代夫风格别墅以及宏伟瞩目的多尼船造型休闲场地Dhoni，酒店内几乎每一处均经过重新设计，而整项翻新工程已于2013年4月正式竣工。

设计师：Michelle Evans 设计公司：HBA 项目地点：Gaafu Alifu Atoll 主要材料：实木、珊瑚群、屏风 竣工时间：2013.4

　　Park Hyatt Maldives Hadahaa坐落于卡夫阿里夫环礁（Gaafu Alifu Atoll），与全球最大、最深的环礁之一近在咫尺。天然草木环伺四周，且信步可达波光粼粼的印度洋碧绿海水，让宾客尽情享受隐世奢华。此落成仅两年的度假胜地原属私人拥有，而早前HBA杜拜办事处获委托将其提升至符合柏悦酒店（Park Hyatt）的水平，令物业散发出更浓厚的地道风情。

　　首席设计师Michelle Evans表示："我们与Hadahaa及杜拜的凯悦团队紧密合作，研究如何可以令这优美的度假胜地更加迷人。每项细节，由浴室配件以至沙滩上的私人凉亭均为度身设计，我们整个旅程由天堂马尔代夫起步，途经峇里、曼谷和欧洲，最后返回杜拜。"

　　该度假物业拥有50幢别墅，当中包括14幢耸立在印度洋之上的柏悦水上别墅、16幢柏悦别墅，以及20幢柏悦泳池别墅。HBA设计团队要处理所有别墅内的原有家具，并将全部木饰面剥下来重新利用。为了提升客房体验，设计师为室内添上色彩鲜艳夺目的软装饰、艺术品及配件，以营造奢华气氛。房内的迷你吧及书桌组合亦经过全面改造，台面以原块实木制成，并配备特别订制的迷你吧托盘及特浓咖啡冲调设施。此外，设计师与杜拜生产商Compete合作，设计及开发一系列Park Hyatt Maldives Hadahaa酒店的品牌推广杯垫及便览，以橙橘色呼应品牌的棕褐色调。

　　HBA设计团队对一座模仿印度洋传统帆船"多尼船"（Dhoni）而建的建筑物进行重新评估，并将其彻底翻新。在进行周详计划后，设计师成功打造出独立的休闲空间，并增设了舞台区以供举行活动之用。半露天空间设计更具灵活性，可按不同活动的需要而作出相应安排。经个性化改造后，该空间发展出独特个性，并摆设有搜罗自区内的艺术品及瓷器。

　　此度假酒店的餐厅The Dining Room呈长方形，缺乏明显的视觉焦点，对HBA设计团队而言可谓甚具挑战性。设计团队最终为餐厅打造崭新布局，于两端加设升高的地台以分隔空间，一边摆有沙发座位，另一边则设有厨师之桌。委托专人制造、手工精细的金属掐丝艺术品放于墙的尽头，以营造视觉焦点，并与一望无际的印度洋美景互相映衬。与此同时，后方酒吧占据整面墙的宽度，重新配置后增设了葡萄酒塔及屏风，以分隔细长的空间。屏风设计匠心独运，可于入夜后亮灯，提供柔和的照明并投射阴影，令晚间跟午餐时段的氛围截然不同。

于别具一格的鸡尾酒廊Bells Bar内，HBA团队缔造更宁静、实用的空间，令其更添情调。团队设计建造了一个酒吧，以满足营运商的一切需要，同时善用度假物业中心地带的优美景观。高吧台以一块漂亮的木材制成，鼓励宾客坐下来观看驻场调酒师精心炮制星级鸡尾酒。再加上特别设计的灯具、软装饰、帐帘和烛光，令室内更添醉人气氛。舒适豪华的沙发，以及六间海景海滩小屋尽览壮丽海景，为空间注入一丝恬静浪漫的情怀。

为了充分利用此度假物业最宝贵的资产——沙滩，HBA设计团队引入了订制凉亭，日间及黄昏时皆可设置与沙滩上。这些凉亭可用作举行正式的私人用餐活动、摆设轻松休闲的豆袋椅座位，或配置火炉及进行户外烧烤等。码头同样亦已焕然一新，变得更加迷人，于宾客抵埗时提供更难忘的体验。考虑到区内季节及气候的变化，HBA设计团队委托专人制造了一个帆布篷，平日可以固定在码头遮阳挡雨，冬天时则可拆下来。此外，码头亦新添了订造的餐桌座椅及灯笼。

另一方面，HBA团队用上酒店标志色系打造豪华的凉亭及躺椅，以便更好地利用Vidhun Spa水疗中心的户外场地。毛绒地毯、柔软靠垫、摇曳烛光，以及艺术精品，令整个空间更加惬意舒适。

阿布扎比萨迪亚特岛瑞吉度假村
The St. Regis Saadiyat Island Resort, Abu Dhabi

阿布扎比萨迪亚特岛瑞吉度假村是一个发展非凡的主题混合使用海滩度假胜地。结合五星级酒店住宿，艺术中心，健康与球拍俱乐部，零售中心和豪华公寓和别墅，围绕着一个Gary Player所设计的18洞高尔夫球场而建立。

设计公司：HBA 项目地点：Abu Dhabi, United Arab Emirates, Middle East 主要材料：无框玻璃窗、大花板、大理石、板岩

　　受到阿斯特家族纽约镀金时代遗产的启发，酒店将最高水平的服务与阿布扎比的本地文物相结合。设计者从周围环境获取灵感，并创建了有阿拉伯影响的当代地中海室内设计。风格是对当地产品和要素的进一步增强。整体托盘与海岛紧密联系，明亮通风，使用一些自然朴实的材料、颜色和形状，包括沙滩玫瑰和大海海浪。

石头地板，让人联想到沙，从当地采石场经过手选的石头被用在整个房地产区。有广积粮的轻质木材和天然形成的效果被用于食品饮料店、客房以及公共区域，从而创造出一个温馨氛围。

天花板是一个金色的、凹进去的拱顶，典型的意大利风格建筑。巨型吊灯里定制设计的水晶组成的同心圆优雅地串联成一个能让人联想到微妙弯曲贝壳的形状。天然大海的形状和颜色也出现在地毯图案和大堂墙壁上。最与众不同的是你在房内看到的风景，酒店大堂的整个后墙是由无框的玻璃组成的，可俯瞰大海，惊人的景色尽收眼底，不同于阿布扎比其他任何地方。

客房

受地中海建筑和周围自然环境的影响，度假村房间有小有大，从55平方米的豪华客房到85平方米的套房，还有一个宏伟的2000平方米的皇家套房。

有自然托盘的高凹陷天花板使房间大而广阔。由于自然因素占主导地位，每个房间都有一点不同。为了有放松、度假的气氛，石头是被磨练出来而不是抛光的，房间的表面是用质朴的材料，而不是高度抛光漆处理的。每间客房都有着略带拱形的阳台，营造出极具现代感的地中海风格。

SPA

 Iridium Spa的宁静氛围营造出一个可以使思想、身体和精神同时放松的理想场所，天然材料制造出一个淡金色，奶油和大理石板岩深色调的托盘。天空般的表面轻轻地照亮了整个温泉，形成一幅和谐的自然色彩。

 将传统疗法与现代技术结合，量身定制的治疗可以在12个治疗套房内任意享受。如果想要一个更温馨独特的体验，客人可以在三个设有私人露台和游泳池的主题水疗套房中选择。

餐饮

 著名的爱尔兰厨师Conrad Gallagher创建的度假村食品和饮料的概念，我们运用几个特点鲜明、富有幻想的主题空间把它付诸实践。客人可以在瑞吉萨迪亚特岛的餐饮场所享受一系列独特的设置，包括地中海纽约风格的牛排55＆5，东南亚Sontaya和海滩餐厅Turquoiz。

迪拜君悦酒店
Grand Hyatt Dubai

迪拜君悦酒店的三项独特时尚生活体验，是领导国际酒店室内设计业的HBA公司在中东最新突破性项目的焦点所在，并紧随阿布扎比两家全新地标St Regis 酒店而来。

设计师: Michelle Evans 设计公司: HBA 项目地点: 迪拜 主要材料: 大理石、胡桃木、铜金属、皮革、石板

迪拜君悦酒店增添了三个别具特色的概念, 分别用于水疗中心及俱乐部、多用途活动场地及廊吧。

风格时尚的廊吧, 充分展现了迪拜这个中东及欧亚文化大熔炉的无穷魅力。

延伸至各"客厅"的中央酒吧, 缀以质感丰富的金属细节, 天花还设有多个色彩变幻无穷的LED灯箱。此外, 酒吧艺术品除了缔造层次感和独创一格的视觉效果之外, 亦以美食为题材。芝士主题房内的巨型画框内, 就排列了葡萄酒阵。好莱坞式华丽风格在此亦扮演着重要角色: 饰以英国艺术家Julia Brooker与著名伦敦摄影师Gianni Mosella合作打造的一系列标志性画像之一。

酒吧的每间厅均被赋予独特概念，其中丝绒厅（Velvet Lounge）的灵感来自中东的丰富色彩，室内布满紫色、紫红及金色元素。墙身弯曲，地板及家具上铺着真皮软垫，散发出犹如丝绒一般的光泽，触感柔软。

欧洲厅（European Lounge）是路易十五风格，椅子及古董镜子在白色背景的衬托下极为突出。宾客通过一道涂上亮漆、闪闪生辉的深橙色门口进入厅内，尽显尊贵气派。

中国厅（Chinese Lounge）风格鲜明强烈，大红大黑的用色极富戏剧性。两盏巨型华丽的水晶丝绒吊灯，是整个空间的目光焦点。其中一面墙上是描绘中国俱乐部派对盛况的画面，到处放满丝质屏板。

HBA迪拜地区董事兼合伙人Michelle Evans 指出："我们将文化的相互影响、艺术及独特的空间规划结合起来，创造出一个动感都市迪拜所特有的一种充满生机、活力四射的氛围。"

Ahasees 水疗中心及俱乐部别出心裁的翻新设计及扩展工程中，HBA 将美感与宁静合而为一，打造远离都市烦嚣的世外桃源。HBA就如一名画家，让画笔蘸染具本地色彩的颜料，将偌大水池及水疗养生设施，设计成简洁利落、质感丰盈的写意绿洲。

恬静的下层空间盖以白色大理石，与胡桃木及铜金属形成深浅对比。青铜色的浴室玻璃门口，则雕上阿拉伯式花纹图案。至于全新登场的上层水疗中心，则饰以柔和色调及细节，木地板上的纹理更营造出陈旧感。水疗中心之用色，与暗粉红色地毯互相辉映。

设计师亦采用了丝质镶嵌墙板及皮革，让楼梯扶手处及接待处桌面均添上柔软触感。而在休闲室这个让人身心舒缓的空间内，以切割石材度身打造的多角墙身，满载本土传统文化特色，以阿拉伯诗句作题款的沙丘摄影作品亦比比皆是。

　　另一边厢，HBA在设计Al Manzil——迪拜君悦酒店的"住宅式"多用途会议活动场地时，亦深入探讨了本地文化、艺术、工艺及生活时尚精粹。它恍如设计得当的宅院，当中六个场地包括会议室、会客厅、家庭活动室、温室、用餐区以及其内的开放式厨房。

　　在阿拉伯传统文化中，房屋通常围绕庭院而建。同样地，当宾客步进Al Manzil 的时候，都会穿过木制大门到达位于中央的庭院。一边是开放式厨房、会客厅及用餐区，另一边则是会议设施及温室。

　　Al Manzil 弥漫着充满阿拉伯风情的节奏及图案，灵感来自城内随处可见的门饰及精致的本地手制珠宝。一系列艺术作品均饰上阿拉伯花纹，并赋以摩登诠释。

　　自然光透过天窗渗透到室内每个角落，而深红缟玛瑙大理石、红色丝绒、青铜物料、深色木材，以及呈奶油色及棕色的凹凸纹皮革，在色彩质感上均形成鲜明对比。

　　至于作为每个宅院心脏地带的厨房，则嵌上温暖的蜜糖色缟玛瑙及深色木材。眼前尽是烹饪书籍、香料、油品及美丽的铜壶铜锅，而新鲜栽种的香草，亦为整个美食体验添上芬芳。

　　Michelle Evans表示："最后，多款度身订造及从本地搜集的布料及家具，悠悠散发出精致无比的传统风情，集本土特色、艺术、历史及文化之大成。"

　　在邻近的酋长国阿布扎比，HBA打造出中东首家St. Regis 酒店——阿布扎比St. Regis Saadiyat Island 时，将地中海与阿拉伯元素浑然揉合。

格施塔德Alpina酒店
The Alpina Gstaad

全球酒店室内设计业翘楚HBA打造的The Alpina Gstaad位于瑞士最低调奢华的小镇格施塔德，是当地逾百年来首家新酒店，以精致细腻的方式彰显出时尚的瑞士阿尔卑斯风格。

设计公司：HBA 项目地点：香港 主要材料：木材、原木木板、羊毛地毯、皮革、白煤钢、松木 竣工时间：2013.7

　　The Alpina Gstaad集传奇色彩、优越地理位置及瑞士传统于一身，兼具时尚和丰富多样的别致特色，被誉为"新经典的诞生"。这原本是一幢极为特别的私人宅第，洋溢独具匠心的奢华与个性；设计师透过汲取其悠久历史重新进行构思，并注入对豪华酒店未来发展趋向的深入洞悉，令其变身为一座与众不同的酒店。

　　酒店大堂入口缀以暖色调的质朴木材、手制作品，尽显精致高雅，从中可一窥酒店整体风格。墙面和天花的原木木板取自旧瑞士小屋，经重新打磨后融入新环境；前台的桌子由一棵阿尔卑斯白蜡树的树干雕刻而成——利用了一棵早已倒下的树木所余下的木材。桌子上方是一组悬垂的玻璃吊灯，晶莹剔透，美不胜收；这些吊灯同时也是一个独一无二的诗歌藏库，因为每一个吊灯上面都刻着一个瑞士诗句。手工编织的原色羊毛地毯，呈现出正宗有机材料所特有的花纹。大堂的支撑圆柱表面裹以压花皮革，巧妙地使原本粗壮的柱子显得精巧雅致。

　　壁炉是酒店致力为宾客创造当地特色住宿体验的重要体现。壁炉周围的墙面由阿尔卑斯岩石建成，每一块都是从当地的河流里精选而来，经过数世纪激流的冲刷打磨。另外一个大小相若、同样由岩石堆砌而成的壁炉位于楼上的酒廊，壁炉连接了两个空间，实现了怡人的流畅感。两个楼层之间的宽阔楼梯既具有当代风格，细节中亦体现出完美精致的瑞士传统。楼梯为木质，扶手和栏杆则分别由白煤钢和玻璃打造，之后由工匠于现场在扶手表面缝上最高级的鞍皮。细致描画、流露古雅色彩的天花板为宾客呈献一场视觉盛宴，是该酒店绝无仅有的一处特色。在楼梯后方，板条木屏风借鉴当地Saanenland农场的"gimmwand"建筑风格，形成优雅的栅格，使投射下来的灯光影影绰绰，分外柔和。

　　酒廊为宾客提供绝佳的社交空间，这里有巨大的扶手椅，荟萃了麻质、羊毛、皮革等豪华饰面，同时亦延续了楼下大堂的装饰——皮革包裹的圆柱与风化的木质墙面和天花。布艺色泽柔和，缀以丝丝火红色形成对比，并饰有大量瑞士传统最出色的针线和刺绣细节。吧台做工精细，独一无二。锤制的青铜招牌光彩熠熠，桌面取材自当地一棵垂直劈开的林松，边缘仍可看到松木的天然纹理。双面吧台与墙分离，为调酒师营造一个引人注目的舞台，使其可尽情展现调酒手艺。另外一个设计独特的空间是D.J.表演台——白天是一张做工精美的桌子，到了晚上，这张桌子就摇身一变为功能齐全、具备最新D.J.打碟器材的表演台。

　　餐厅Sommet是"家的核心"，充满温馨气息，是客人用餐和社交的不二之选，不论昼夜，Sommet都能以其展现当地特色传统与文化的装饰布局为宾客提供当代舒适体验。所有的细木工制品都是传统瑞士细工家具的优雅体现：古朴的木天花充满当地特色，巨大的木横梁与其他公共区域的横梁一样，形成完美的燕尾造型。锻铁与鞍皮随处可见，前者用于灯饰上，后者则主要作为沙发及座椅的饰面。另一方面，纯白的亚麻桌布、大量盆栽和香草，加上窗外四周的伯恩阿尔卑斯山景致，使餐厅整体环境保持清新明亮。餐厅外的平台附设火炉，让宾客可一边在室外用膳，一边陶醉于阿尔卑斯的迷人风光之中。

　　电影院是The Alpina Gstaad的另一独特体验，犹如一项高科技秘密武器，潜藏在大楼的最深处。此豪华私密空间设备齐全，可进行简报会、电影放映或播放客人自备的插件内容，还可与隔壁的多功能室相连，成为大型活动场地。所有家具都可移动，使影院适用于各种活动。当中的扶手椅宽大舒适，带有垫脚软凳和独立阅读灯，可供14人使用，此外还有适合儿童的豆袋坐垫。沙发坐套为棕色皮革，拥有瑞士缝线细节的碳色羊毛覆盖在房间边缘的嵌板上，以遮挡储物区域。影院内甚至备有毛毯，供深夜观影的宾客取暖。

儿童室是HBA打造的另一个惊喜，适合蹒跚学步的幼儿和小童玩耍。从他们进入儿童室的一刻起，这个独一无二的室内空间就在等着他们探索。儿童室以迷你瑞士小屋为设计理念，因此，房内设施多采用阿尔卑斯木材打造，传统的瑞士颜色红与白亦大片分布，还有十分可爱的缩小版家具。这里有大量玩乐休憩设施，包括位于一幅色调简洁的雪山装饰画前的树屋和滑梯、黑板墙、阅读区、美术区、多媒体中心，以及供小孩午睡的范围。

所有客房均独树一帜，尽管全数具备让The Alpine Gstaad与众不同的特质：低调奢华、宽敞空间及无比舒适，但每间客房的面貌、特点及细节都各不相同。一如酒店的公共区域，客房的墙身和天花同样以木材建造。特别订造的手工地毯覆盖了除大堂木质地板以外的所有室内空间。每间客房内的天花均经过精工细作，独一无二，有些是纯朴的乡村风格，另一些则为时尚的现代格调；还有一些呈屋檐造型，呈献浓厚的瑞士木屋风格。客房内，各种家具的不同质地与柔和色泽相互映衬，令客房的氛围雅致温馨，以阿尔卑斯地区遍布的艳红伏牛花果实及高贵的朱古力棕色为灵感的装饰风格，又为客房增添了活泼气息。客房内的织物包括针织羊绒、羊毛以及亚麻；各种细节新奇迷人，包括座套上无可挑剔的手工针线及刺绣装饰等，精致华贵，相互呼应。全部客房均具有冬暖夏凉的特色。

　　不少客房均附设独特的鸡尾酒柜。酒柜由逐个挑选的古董瑞士橱柜改装而成，表面饰有传统雕刻与彩绘，是客房内的一道迷人风景。其精美的外表实在令人想象不到里面还有巧妙齐全的功能。酒柜内设有水槽、饮品储存区、Nespresso咖啡机及雪柜。部分客房还设有另一深受喜爱的设施——燃木壁炉，上方挂有Ochre出品的凸面镜，会映照宾客走过时的身影。房内大部分家具均属订制。部分艺术品为原创作品，通过将自然及回收利用的材料重新创作改造后，赋予其新的意义与价值。所有客房皆附有宽敞的户外阳台，可欣赏到壮丽景色，其中一些阳台对着高山美景，另一些则俯瞰碧绿草地。

　　酒店共有56间客房，其中31间为套房，最尊贵的当属跨越五楼和六楼的复式三房全景套房。这与众不同的套房从大楼的北面一直延伸至南面，六扇天窗带来令人惊叹的极致美景，一面是壮观的冰山景色，另一面是阿尔卑斯草原。这里堪称是自成一国的豪华世外桃源，更设有专属通道。

　　起居空间环环相连，首先映入眼帘的是燃木壁炉、从地板延伸至天花的石砌烟囱及优雅的座椅。接着是亲切惬意的酒廊，与宽阔的平台相连；而另一边厢的厨房则隐藏在视线范围外。

　　主人房华丽无比，内设燃木壁炉、衣帽间、附设大型独立浴缸的浴室、超大尺寸的花洒头及置于镜柜内的电视。走上一段雅致的楼梯，便来到套房的顶层。那里有水疗设施、按摩浴缸、健身与按摩区、置中的燃木壁炉、一间睡房及一个可俯瞰户外优美全景的走廊。"Gimmwand"的设计理念通过水疗区域内的木栅格与滤光器再次得到展现。

　　HBA为The Alpina Gstaad设计的其他区域包括：宴会厅、会议室、雪茄廊、品酒廊及宽阔的户外平台。

　　HBA的高级联席总监Nathan Hutchins表示："突显个性是我们设计每一个项目的理念。我们从各个项目所在地的历史、文化及自然环境入手寻找其个性，然后赋予它们与环境完全契合的全新生命力。The Alpina Gstaad就是一个完美的例证——这家新酒店既传承了当地的极致工艺，亦具有与众不同的低调奢华。"

5

西安瑞斯丽大酒店

Swisstouches Hotel in Xi'an

西安瑞斯丽大酒店座落于西安商业及金融重地高新区，HBA新加坡办事处合伙人David T'kint 为项目的首席设计师，设计不但融合当代瑞士风格，更体现对西安本土文化以及当地3,000多年悠久历史的尊重。

设计公司：HBA 项目地点：西安 主要材料：石砖地板和长方柱、淡黄色木纹墙身、玻璃面石台、钢索、天花灯饰

　　宾客一路进酒店大堂，将被创新、摩登、奢华的设计所吸引。大堂空间宽敞，饰以白石砖地板和长方柱，淡黄色木纹墙身，沙发位置则铺上蓝色订制地毯，营造舒适写意氛围。主楼梯下以白色烛台组成、高达6米的装置艺术极尽夺目。主楼梯犹如以钢索悬吊于半空中，拾级而上直达夹层；HBA参考瑞士国旗用色，夹层天花采用不锈钢板加上红色光纤灯，设计前卫、尽现心思。

　　HBA还巧妙地将瑞士特色细节融入酒店的餐厅之中，当中以中餐厅"伯爵之家"最为突出：餐厅设有书房、会客室和管家室，打造成豪华的瑞士府邸，呈献传统中国菜肴，令人惊讶不已；另外，宴会厅也配备多用途灯饰，可根据不同客户及活动需要调校灯光颜色；加上巨型水晶吊灯更突显华丽气派。

　　此酒店的问世，向世人再次证明，HBA能够把夺目设计与当代灯光效果完美配合，营造出千变万化的视觉效果，呈现从经典传统至大胆前卫各种风格的设计。

6

布鲁塞尔唐拉雅秀酒店

Brussels Hotel Don Rajat show

唐拉雅秀取名自西藏的念青唐古拉山。布鲁塞尔唐拉雅秀酒店是首家落户在欧洲的唐拉雅秀酒店，而且位处比利时法兰德斯区的首府，更是欧盟的首都，全面提升了这个中国奢华品牌在国际舞台上的形象。与此同时，唐拉雅秀酒店还是HBA首家在比利时操刀设计的酒店。

设计公司：HBA 项目地点：比利时 主要材料：水、大理石、木材

　　酒店的公共空间全面注入念青唐古拉山上的各种"水"元素：轻柔的云朵、晶莹的冰层、纯净的白雪及川流不
息的河流。酒店大堂以冷色系及简洁利落的线条为基调，宁静平和。浅色的石地板与优美的深色石制水景形成强烈
对比，此风水元素亦为空间凝聚正气。

　　客房的设计灵感也同样源自唐古拉山，大片的花朵和繁花满开的树影主题图案，充满中国风情与自然韵律。浅色的大理石浴室设计简约迷人：散发出柔和亮光，犹如雕凿在洁净无瑕的白雪之中。

　　酒店的扒房也是亮点所在，餐厅深受世界知名酒窖的启迪：墙壁以缀上酒庄商标的酒箱木板铺设而成，为餐厅增添趣味，倍感舒适。木制天花仿照欧洲的酒窖，采用拱顶设计而成。

　　布鲁塞尔唐拉雅秀酒店项目将世界级顶尖设计呈现眼前，同时彰显出HBA的环球资源优势。

宁波威斯汀酒店
Westin Ningbo

宁波威斯汀酒店是由一幢多座塔楼组成的瞩目玻璃建筑，位处市中心，是喜达屋集团在浙江省开设的首家威斯汀品牌酒店。HBA 获委托打造符合威斯汀品牌国际客户群及商务旅客所期望的环境，同时还能在设计中反映出宁波市的深厚历史与文化。

设计公司：HBA 项目地点：宁波 主要材料：玻璃、木材、云石

　　酒店室内空间恬静舒适，采用简洁的当代几何元素，为酒店缔造出宁谧的感觉。步入酒店后，宾客即可看见缀以华丽木饰面的浅米色云石。公共空间、卧室及水疗中心则选用带点中性的暖色调作装潢，而明亮却柔和的灯光亦有助营造轻松感。HBA在此为别具品味的环球旅客打造出一片宁静怡人的绿洲。

所有客房皆经过精心打造，客房均糅合简洁流畅的当代设计，以及豪华舒适的家具及布艺装饰。

HBA为酒店的威斯汀天梦水疗中心（Heavenly Spa）设计出奢华空间，HBA从宁波作为海上丝绸之路港口的历史中获得灵感，以华丽布艺及木料布置护理区。活动空间则包括优美的25米室内无边际泳池。

HBA以打造可因应不同场合灵活运用的空间为首要目标。可调整大小的豪华宴会厅可谓设计工程的一项壮举，将可活动操作的墙面巧妙地隐藏在大型通花墙板后面，实用性与美感兼备。

西班牙塞维利亚阿方索十三世酒店

Seville, Spain Alfonso XIII Hotel

HBA伦敦工作室的The Gallery打造专业的焦点室内设计项目，为西班牙南部古都塞维利亚珍贵的地标建筑阿方索十三世酒店（Hotel Alfonso XIII）进行重新装修，巩固其作为欧洲顶级豪华酒店的显赫地位。设计师独具匠心，糅合真实历史史料及以塞维利亚为中心的安达卢西亚文化，同时秉承酒店的独特魅力，将故事娓娓道来。

设计师：The Gallery 设计公司：HBA 项目地点：西班牙 主要材料：云石地板、皮革、彩绘瓷砖、檀木、橡木板、亚麻

　　酒店由西班牙国王阿方索十三世下令建造，于装饰艺术鼎盛时期的1929年开业，在当时的"旅游黄金时代"吸引了众多旅客驻足停留。塞维利亚是安达卢西亚文化的中心城市，当地曾被摩尔人统治500年，是斗牛与佛朗明哥舞蹈的起源地，也是西班牙家喻户晓的兼男性阳刚与女性神秘魅力于一身的情圣唐璜（Don Juan）的故乡。The Gallery从这些独特元素中汲取灵感，细细道出历史故事，保留并发扬了古韵，同时增添了现代的新意，打造出与时俱进的"豪华精选"（Luxury Collection）酒店。

　　HBA团队打造的华贵设计肯定了阿方索十三世酒店给人的第一印象：酒店大堂空间宽敞，楼底特高，铺设图案精致的光滑云石地板；搭配瞩目云石阶梯及浅浮雕装饰的皇冠状天花线板；方格天花板下悬挂着造型典雅的吊灯；高挑的拱廊顶部装饰着华美的壁画。种种元素互相辉映，营造出非凡的气派。The Gallery精确测量大堂内每个插座的位置，在保留墙壁原貌的基础上，以便清楚重新布置的限制性并制定可能性方案。

　　酒店翻新后，接待处饰以刻有酒店标志的深红色皮革；缀以产于塞维利亚的巨型彩绘瓷砖（azulejo），华丽非凡，其中天蓝色与芥末黄的手绘图案鲜亮夺目。赋予大堂内家具焕然一新的感觉。穿过大堂来到景致迷人的庭院空间：经设计团队重新规划，庭院一半用作大堂休息区，另一半则是全天候露天餐厅，环绕着镶满马赛克的精致柱廊。设计团队善用拱廊的自然采光，将由原本在室内的餐厅改为设在明亮的廊道上，别具风情。庭院内的家具可灵活移动，适合举办不同社交活动。风格自然的烟草色藤编材质及钮扣钉饰座椅与四周的古董陈设非常协调，令宾客沉醉于古色古香的轻松氛围之中。

　　酒店拥有众多各具特色的餐饮场地："美式酒吧"重新演绎装饰艺术风格，光漆墙身搭配灰蓝绿色丝质织布，并垂吊着光亮金色的装饰，漆成鲜亮蓝色的巨大镜框与以抛光铜与檀木制成的吧台与之相映成趣。相对而言，摩尔风格的"阿方索酒吧"则散发出浓郁的塞维利亚古典韵味，以传统深色为主调的酒吧铺上以铁钉牢固的陈旧橡木板，墙上悬挂着国王阿方索十三世的巨幅画像，他似乎静静注视着酒吧内发生的一切。

　　宾客亦可在全新"泰法斯餐厅暨酒吧"体验闲适的摩尔风情，于塞维利亚花园中心池畔休闲放松。餐厅位置独立于酒店主楼，令The Gallery得以尽情挥洒创意，将原本平淡无奇的实用性空间打造为时尚场所：餐厅设有意大利卡拉拉云石面的吧台，后面摆放了古董厚实原木及铜质酒柜，柜门表面饰以花纹华丽的石膏方格。

餐厅内的背光摩尔式雕刻屏风营造出颇为私密的用餐氛围，而低矮座位与绣花椅垫灵活划出室内和室外的用餐空间。天花板饰悬挂着手绘彩瓦及由当地铁匠打造的缤纷灯饰，使洁净纯白的空间充盈着活力。

活动场所方面，鉴于塞维利亚法律规定午夜后公共场所不可播放音乐，设计师将酒店原本作后勤用途的地下层改造成为会议室，派对可以延续至凌晨。会议室采用亚麻布料墙面、粗犷橡木地板以及嵌入木制品的深红色皮革装饰，散发出精致奢华气息，毫不逊色于酒店其他宴会厅与会议空间。地面层原有的健身中心安装大型玻璃窗后，空间感大为提升，青葱繁茂的园林美景便可尽收眼底。健身中心还增设了瑜伽花园，及铺设摩尔图案"zellige"瓷砖的桑拿房。

　　至于客房方面，三种迥然风格的设计分别融入塞维利亚最重要的摩尔、安达卢西亚以及卡斯蒂利亚三种文化：“摩尔式客房”采用复杂精细的古典装饰线条，摆放时尚新潮的家具及各种造型优美的摆设；“安达卢西亚客房”从佛朗明哥舞蹈中汲取灵感，天花线雕刻的柔美曲线令人不禁浮想起舞裙的摇曳风姿，明艳而具有动感，并搭配细碎花纹的纺织面料的华丽皮革床头板，整体装饰女性魅力十足；“卡斯蒂利亚客房”则散发如同斗牛士在竞技场上挥舞斗篷奋战时的阳刚之气，客房采用深赭石色为主调，在其他鲜亮色彩和深色木质家具，如精心雕刻的床头板的映衬下显得更为迷人。房间缀以用笔大胆奔放的画布，更营造出强烈的戏剧感。

　　The Gallery将皇家套房想象为国王阿方索十三世下榻的尊贵住所，从酒店私人藏品中挑选的精美画像与艺术品，重现当年国王莅临酒店时的盛况。珍贵古董与奢华时尚设施相映成趣，例如覆有手工烫金皮革的电视柜，以及主卧室内铺设顺滑巧手刺绣的四柱大床。

　　Reales Alcázares套房可眺望邻近皇宫庭园的绝美景致。木炭色墙壁为起居室赋予一丝神秘魅惑的氛围，而娇媚的中国风图案则与室外绿意盎然的环境相映成趣。主卧室内饰以厚重的深色调天鹅绒窗帘，搭配精致铁艺家具，而副卧室则采用引人注目的红色窗帘。

　　The Gallery及HBA伦敦负责人Inge Moore在总结设计团队的体验时表示：“能够为享誉盛名的阿方索十三世酒店重新装修，既是一项艰巨的挑战，同时也是难得的机会，这座酒店本身就是极具观赏价值的地标建筑，我们很高兴有机会为这座具有独特魅力的珍贵物业锦上添花。我们深入了解了塞维利亚的文化风情，从中解读出其浓厚的历史底蕴，进行全新演绎并融入设计之中，为宾客带来彷佛穿越时空的历史感，让他们探索热情洋溢的安达卢西亚文化，并同时享受各种现代顶尖设施的便利。”

海得拉巴柏悦酒店
Hyatt Hyderabad La Babo

海得拉巴柏悦酒店是第一家位于印度城市的柏悦酒店，是这座新兴目的地城市极致豪华享受的象征。HBA的设计不仅融合了印度本土文化与当地装饰材料，同时还锐意创新。具有浓厚印度特色的用色、图案及布料在酒店内随处可见。印度纱丽的丝质材料及明媚色调，渗透到酒店设计的各个角落。

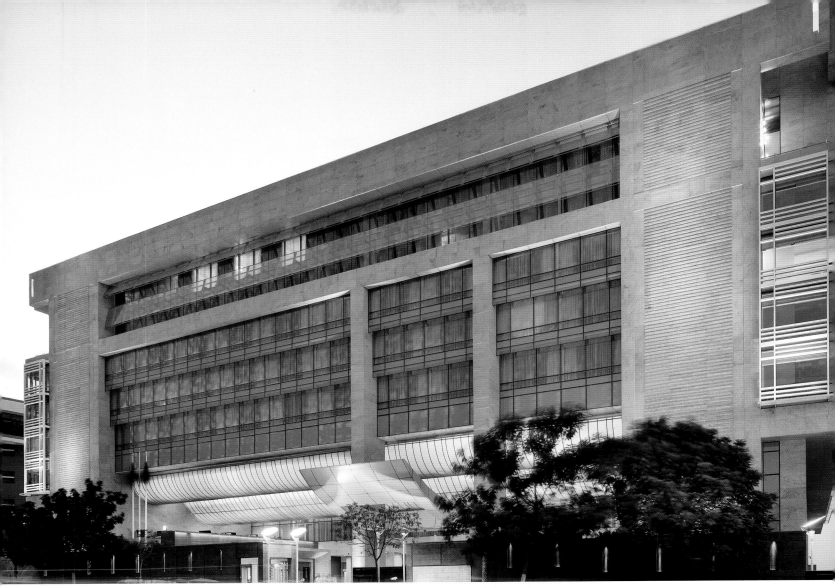

设计公司：HBA 项目地点：印度 主要材料：天然花岗岩、玻璃、钢丝网、抛光硬木地板、意大利瓷砖

海得拉巴柏悦酒店有八层，富有现代气息。富丽堂皇的酒店大堂内，在潺潺流水和苍翠绿叶的环抱下，由John Portman打造、高达10.7米的抽象派洁白雕像巍然耸立。

　　海得拉巴柏悦酒店所有餐厅均装潢雅致，充满现代气息，酒店的星级餐厅Tre-Forni采用柔和的茶色色调，饰有深色抛光硬木地板以及手工雕刻的意大利瓷砖。

　　至于正式的Dining Room则提供传统印度菜式，亦备有轻怡味美的海得拉巴菜，以及受欢迎的经典欧洲菜。

　　酒店提供凯悦独特的住宅式多功能设施" The Meeting Residence "，在印度独树一帜。酒店的会议场所舒适灵活，可容纳大小团体举办各类活动，其温馨亲切的氛围能为宾客带来宾至如归的感受。

10

德钦中信资本御庭精品酒店

Regalia in deqin, CITIC capital boutique hotel

德钦中信资本御庭精品酒店是御庭酒店集团最新开业的精品度假酒店；御庭酒店集团是中国最知名的酒店物业所有者和管理者之一。这家五星级度假酒店将异域风情的泰式气息融入云南迪庆藏族自治州德钦县的壮丽梅里雪山胜景之中。

项目提供：德钦中信资本御庭精品酒店

　　德钦中信资本御庭精品酒店坐落于海拔3,400米的高山林区中，周围环绕着13座冰雪覆盖的山峰，自然风光瑰丽迷人，堪比远离尘嚣的世外桃源。酒店设有客房88套，其中包括：21套单卧和双卧别墅。

　　酒店的客房和别墅装饰一新，令人活力勃发，将泰式气息与云南少数民族文化的韵味完美融合。抛光硬木地板配置地暖系统，雕花实木屏风古色古香，藏式地毯别具风情，为摩登的内饰增添了几许异域设计情调。所有客房均装配大幅观景窗，可欣赏迷人群山或花园美景，部分客房还配有私人露台。客人即刻下榻，便将体验到一流的室内便利设施，包括40英寸卫星电视、免费无线局域网和宽带网络以及配备法国欧舒丹沐浴产品的大浴室。

　　莲轩餐厅是德钦的首家泰式餐厅，设有42个座位。如意轩（Yi Palace）是一家私人美食餐厅，餐厅设有3个贵宾包厢，客人在品味美食的同时，亦可欣赏梅里雪山景致。谷吧（Valley Bar）舒适惬意，提供美酒、鸡尾酒和雪茄以及现场娱乐，是晚间放松和社交的绝佳之处。

　　德钦中信资本御庭精品酒店设施完备，尤其适合公司会议和活动，320平方米的宴会厅可容纳170位宾客，亦可举行250人鸡尾酒会。这个雅致高档的多功能厅采用一流灯光和音响设备。另有140平方米的高科技会议厅，可接待100位与会人员，并由一支专业活动团队提供支持。

　　御庭酒店的安缇缦水疗曾屡获殊荣，提供5个单人和双人水疗套间以及丰富的系列整体护理，客人在此将更为惬意放松，精神焕发。

11

苏州李公堤御庭精品酒店
Ligongdi Suzhou Regalia Resort & Spa

苏州李公堤御庭精品酒店是苏州首家具有泰国风情的水疗度假精品酒店，坐落在苏州著名的商业街李公堤之上，毗邻金鸡湖畔，白天畅享水天一色的宁静湖景，入夜沉醉于李公堤的繁华烟火，动静皆宜，令入住宾客在昼夜间穿梭于苏式江南的古往今来，一窥这座城市的温婉风情。

项目提供：苏州李公堤御庭精品酒店

　　酒店的环境设计将中国江南水乡的浪漫与东南亚休闲度假之风完美结合，被誉为"中国的马尔代夫"。建筑主体在汲取江南粉墙黛瓦的秀美风情之余，亦不乏现代简约气质。而室内陈设选用色调深沉、质感纯净的新中式家具，塑造返璞归真的度假氛围。富有异国情调的植物花园和僻静的荷花池，都充满浓郁的自然意趣，而宁静辽阔的金鸡湖湖景则成为酒店最佳的幕布，特别的地理位置及景观都被充分应用于整体窗景设计之中。

　　安缇缦水疗是御庭酒店集团引以为豪的水疗品牌，倍受众多水疗爱好者的追捧。5间独立的SPA房，坐落在金鸡湖之上，270度玻璃窗可无遮挡欣赏开阔湖景，每天迎接着金鸡湖的晨昏光影。优雅的新中式家具和紫色帷幔，营造出了私密而惬意的东南亚风情，这里也被很多客人评为中国最美的SPA。在金鸡湖边的御庭宁静、私密，是喧闹城市中难得的一片净土。

12

丽江铂尔曼度假酒店
Pullman Lijiang Resort Hotel

丽江铂尔曼度假酒店紧靠束河古镇，将连绵的玉龙雪山美景尽收眼底，建筑设计灵感来源主要是丽江古城的
纳西传统建筑，建筑元素都一一来自丽江古城的城市建设及民居的建筑风格。

设计公司：香港郑中设计事务所 项目地点：丽江 项目面积：133716.6平方米

　　水系穿插的规划布局：酒店被环绕的沟渠和中心湖连成一片，布局与丽江古城的街巷与水的布局相呼应。无论公共设施还是别墅区域，全部采用了本地建筑的风格。包括青瓦的屋脊、屋梁下的悬鱼、别墅三坊一照壁的房屋结构，以及大堂、会议和水疗区大量圆柱的使用。景观中最突出的是中心湖（茶花湖）上的凯旋塔，其灵感是来自于四方街的科贡坊。酒店有广场，但却非四方街的复制版本。主要考虑了举办各类活动的功能性需求以及景观的融合（和中心湖相连并遥看玉龙雪山）。

　　酒店的整体色调没有采用纳西建筑的泥黄和白的色调，而是采用了水墨画情景的素白和青灰色调，使整个酒店的视觉效果在和周围环境融合的同时，凸现出其低调奢华的一面。

13

北京四季酒店
Beijing four seasons

酒店大胆的线性建筑配以抽象艺术、装饰灯具及别出心裁的物料，结合中国皇家建筑元素与当代设计风格，
营造出现代与传统相得益彰的和谐空间。

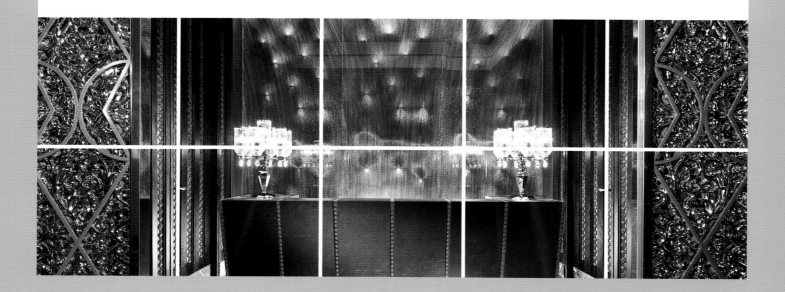

设计师：Anne Chan 设计公司：HBA 项目地点：北京 主要材料：皮革、缟玛瑙、抛光铬金属、原木、玉石、云石、青铜

　　HBA香港联席总监Anne Chan表示："我们的设计理念，是希望酒店传递出强烈的自豪感与地方特色，同时兼具古老的中国韵味与现代开放的民族精神风貌。这是四季酒店在北京的首家旗舰酒店，因此我们采用了含蓄高雅、引人入胜的设计，赋予其独一无二的视觉识别性。"

　　酒店气势恢宏的大门及宽阔幕墙，灵感源自中国传统建筑理念，使人禁不住联想起北京故宫的堂皇气派。复式大堂酒廊宏伟且格调亲切温馨、洋溢活力，令人精神焕发，代表帝王之尊的金箔天花板及奢华手织地毯上寓意吉祥的盘龙图案，都能彰显宾客的尊贵。柔软的马海毛、珍贵的丝绸与稀有皮革等各种装饰面料的配搭运用，金黄色、铁锈色、灰色与蓝色等斑斓色彩散发出典雅高贵的气质。墙面与结构柱则以乳白色的缟玛瑙、抛光铬金属及黑色高抛光斑马原木作铺饰。

　　北京四季酒店拥有一系列美轮美奂的当代艺术珍藏，包括知名艺术家秦风为酒店大堂特别打造的平面金属墙面装饰作品《欲望风景》（Landscape of Desires）第4及第5号。作品以中国传统山水画为创作泉源，别具一格。大堂华美的琥珀色水晶灯，是由三吨捷克吹制玻璃打造而成，线条柔和流畅，与大堂富有力量感的建筑风格形成鲜明对比。中庭布置有澳洲艺术家Jayne　Dyer迷人的装置作品，400只抛光钢质蝴蝶向66米高空翩然而起，呈现出灵动、飞扬与幻变的感觉，令人叹为观止。

　　酒店其他设计亦处处显示国际当代艺术与中国经典元素的完美契合，如玉石、云石和青铜质地的装饰雕塑，以及豪华客房墙面与橱柜所采用的明亮玻璃装饰。地面设计也反映两种风格的巧妙交融，整个酒店都铺设了豪华手织地毯，其大胆几何线条与中国水彩画柔和的笔触相映成趣。

　　水疗中心的设计同样以北京传统建筑风格为基础，灵感源自中国传统茶园与庭院。Anne　Chan女士指出："我们以茶园建筑特色为设计蓝本，将偌大的空间分拆为多个独立水疗馆，营造错落有致的布局，同时为宾客提供更多私密空间。"

　　设有11间护理室、面积达1,700平方米的水疗中心，延续了中国传统元素与当代设计的绝妙融合，满足当今眼光独到的宾客不同的需求。富有层次的中国建筑细节配搭轻盈的材料与飘逸的色彩，为宾客缔造放松身心的宁静绿洲。

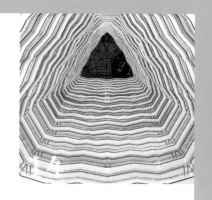

广州四季酒店
Guangzhou Four Seasons Hotels

广州四季酒店位于风光旖旎的珠江河畔、楼高103层的广州国际金融中心主塔楼顶部的30层。其建筑独特瞩目之处为下阔上窄的三角锥形大楼，引人注目的结构系统及对角网格线，以及宏伟的中空大堂从70层直穿100层，气派非凡。HBA出色的室内设计概念，既突破设计界限，亦大胆挑战传统酒店装潢的既有模式。

设计单位: HBA 项目地点: 广州

酒店室内装潢既优雅又极致摩登，宾客可从地下乘搭特快电梯直达位于70楼的酒店大堂；甫踏出电梯，由澳大利亚艺术家Matthew Harding精心打造的3米高的红钢雕塑随即映入眼帘，彷佛置身于玻璃般的水面，映照出30层高以上的天窗倒影。

以天然光照明的中庭，上层由餐厅及客房拱抱，带出震撼的视觉效果，整体高度超越伦敦圣保罗大教堂及纽约自由女神像。以错综复杂的金属交织而成的巨型屏风，环拥这个与天比高的酒店大堂内部。

　　这也启发了HBA于室内装潢采用更多不同角度及折射元素，包括为每层度身打造而成的中庭楼梯扶手，以至酒店顶端以黑镜板组成的几何图形天窗，营造各种有趣的折射和反射面。此效果于室内走廊更显强烈，倾斜的多角玻璃稍微向外伸展，更突显"拥抱高度"的意味。强烈的高度感于100楼的天桥上更是淋漓尽致，一道透明玻璃天梯迈出高空之中，踏在其上，可俯视 40层楼以下的大堂。

　　除了"天吧"之外，HBA 也为"愉粤轩""意珍"及"云居"——酒店四个全新餐饮场地的其中三个打造华丽装潢。位于71楼的特色中菜馆"愉粤轩"，设计概念在整个项目中可谓别树一帜，当中充满中国书法元素，以中国龙之红色作画龙点睛之笔。"愉粤轩"及酒店其他空间的设计，将传统特色与创新思维双双糅合，从而提升现代中国室内设计水平。

15

丽江和府皇冠假日酒店

Crowne Plaza Lijiang Ancient Town

丽江和府皇冠假日酒店坐落于世界文化遗产丽江古城内，占地面积 51，000平方米，由世界首屈一指的酒店管理集团洲际酒店管理集团经营管理。酒店建筑巧妙融合现代时尚元素和纳西民族建筑特色的精华及多个有代表性的景观，让您置身其中，领略丽江自然与人文的精髓。

设计师：泰国P49 项目面积：51000平方米

酒店位置卓越，驱车可直达酒店门口，步行10分钟即可到丽江古城中心——四方街。交通便利，驱车30分钟便可到丽江机场。

　　酒店共270间客房，其中包括10间套房，设计风格现代且具浓郁的纳西民族风情。无论是高级客房还是套房，每间都是设计师的精品之作，每个主题区域都诠释着丽江独具特色的文化底蕴。一栋栋两层的纳西别墅式客房巧妙结合了现代时尚元素和纳西民族特色的精华，古朴中透着现代感，彰显新颖独特的魅力。客房区户外主题景观是酒店的又一亮点，处处是景、远离尘嚣、超凡脱俗。户外主题景观设计灵感源于丽江独一无二的丰富传统文化和旅游资源。

16

宁波柏悦酒店
Ningbo Park Hyatt Hotel

宁波柏悦酒店以中国传统江南水乡为设计风格，与绝妙湖景相互映衬，低矮的独栋宅邸依山势连绵排开，小桥流水穿插其间，简约的灰墙沙瓦与白色的三角山墙屋顶错落起伏，宛如时光雕琢而成的天然村落。多重庭院和天井之间，点缀以柔美的园林水榭，充分印证了中国传统的建筑理念：将独立的建筑融和到整体的氛围里，构建富有整体的景观，引领宾客逐步游访，在每个转身处均能感触到新的空间、层次和气氛。

设计师：Sylvia Chang 项目面积：91288平方米 主要材料：十六砖 摄影：Derryck Menere

　　酒店主入口处以若干尊青铜鲤鱼雕塑迎宾，将宾客领至引人瞩目的瓦檐门道，两旁以独特的木格屏风予以装饰。由沿桥薄雾迷蒙的火炬指引，信步穿越一片以水蜡树、紫竹林和日本枫树巧妙布置的后现代风格园林，宾客便到达酒店的主入口处。

　　随着高达6米的双扇木门徐徐开启，入眼即是环绕着池中庭院和室外泳池的瑰丽湖景。水是宁波柏悦酒店一再出现的主题，以水元素为主题的众多景观均完美融入酒店的整体氛围，几乎处处都能领略到不同角度的湖景。酒店正门左侧设有古典风格浓烈的浅水池，池间躺卧着栩栩如生的铜制山峦雕塑，池对面即是高抵梁顶的佛像浮雕群。

　　酒店的公共以及私人区域均含蓄地摆设着精美艺术收藏品，以细致烘托出富有中国江南韵味的层叠空间。墙壁装饰以丝绸画、砖雕、书法艺术以及极富当地建筑风景的众多名家摄影为主，同时酒店别出心裁地以渔夫帽笠、巨型酒樽、碾米石磨以及各种古朴木具等本地传统特色物件，唤起了宾客心中对这片幽静水乡的浓郁感受。

三亚美高梅度假酒店
MGM Grand Sanya Resort Hotel

三亚美高梅度假酒店作为钓鱼台美高梅酒店管理有限公司于中国内地市场开设的首家五星级酒店，精选了热辣惊艳的美国美高梅拉斯维加斯酒店娱乐、餐饮和夜生活特色，并结合钓鱼台卓尔不凡的经营理念与精益求精的服务态度，为寻求度假新模式的宾客奉上美高梅的"无限魅力"非凡体验——活力无限、精彩无限、娱乐无限！

项目提供：三亚美高梅度假酒店

　　三亚美高梅度假酒店位于海南三亚亚龙湾，共拥有675间创意设计客房，包括596间风格迥异标准间、73间套房及6座高级海滩别墅，酒店不仅强化了美高梅品牌于中国市场的阵容及影响力，更为富有"东方夏威夷"美誉的海南注入一剂"新锐时尚、热辣惊艳、私密奢华"的度假新元素。

观海别墅 Ocean Front Villa

三亚美高梅拥有6间独一无二的别墅，别墅平均面积为280平方米。绝佳私密空间，直面私家海滩，私人泳池，私人管家服务给你最华丽的别墅体验。无懈可击的室内设计，最精致舒适的床品，奢华的设备以及独特风格彰显非同凡响的体验。

总统海景套房 Presidential Ocean View Suite

所谓奢华在此达到极致，总统海景套房拥有132至165平方米的超大活动空间，是三亚美高梅最大面积的套房之一。在这里，享受奢华、体贴的设计和无与伦比的亚龙湾风景，无以言谕的体验只在三亚美高梅。

水疗空间 Spa Space

澐的中文名强调水的能量，使心境得到悠然放松，身心焕然一新。整个水疗空间设计以低调的中国红灯笼为基调，灵感源自于上海30年代的摩登与优雅，又投射那个车水马龙年代的勃勃生机。体现在澐水疗里，就是其独有的互动体验式护理概念：每个护理空间各具特色，看似相互独立却又相互连接，并有公共空间可供宾客遐想与交流。

18

三亚亚龙湾瑞吉度假酒店
The St. Regis Sanya Yalong Bay Resort

三亚亚龙湾瑞吉度假酒店坐落于堪称"天下第一湾"的亚龙湾最深处沿海岸线风景最为秀丽的一片蔚蓝私密海域。作为三亚亚龙湾开发股份有限公司旗下最新开业的高端奢华酒店，三亚亚龙湾瑞吉度假酒店全新定义极致奢华概念，成为目前三亚唯一可驾乘游艇抵达酒店大堂的酒店。

项目提供： 三亚亚龙湾瑞吉度假酒店

　　在今天，三亚亚龙湾瑞吉度假酒店打造的是一片逸享天地的奢享空间。150余国际标准游艇泊位，游艇可直接
驶入停泊在大堂下，轻松入住瑞吉酒店。28栋海边泳池别墅，独享800米至美海岸。

　　三亚亚龙湾瑞吉度假酒店拥有373间精心设计的客房和套房，以及28套配置豪华的超大海景别墅。酒店现代风格的建筑设计灵感来源于两条互相缠绕的龙，而在度假酒店的点滴建筑细节中不时呈现的起伏波澜元素正呼应了这一设计理念。三亚亚龙湾瑞吉度假酒店提供3家招牌美食餐厅以及一家精致酒廊，绝佳的餐饮体验必将吸引岛内宾客纷至沓来。

19

上海衡山路十二号豪华精选酒店

Shanghai No. twelve Hengshan Road Hotel

地处上海最浪漫街区中心的时尚地标——上海衡山路十二号豪华精选酒店的精妙设计是从其所处街区的悠久历史与传统中汲取灵感的，富含浪漫和现代的设计元素。为宾客在中国最时尚都市的心脏地带开辟了一方别致的都市绿洲。

室内设计师：乔治·雅布、格里恩·普歇尔伯格 建筑设计师：马里奥·博塔 室内设计公司：Yabu Pushelberg 项目地点：上海 主要材料：人然水陶砖、玻璃幕墙

上海衡山路十二号豪华精选酒店令人惊艳的当代建筑与周围极具情调的巷道、保存完好的艺术装饰风格楼宇、精致迷人的餐厅、店铺和画廊形成美妙对比。

　　酒店是一栋五层楼高的建筑，中心建有一个"神秘花园"，与街区内历史悠久的欧式别墅相得益彰。宽大的入口门廊面向衡山路，半环形车道形成了一个显著的入口平台。酒店自正门而入，可分前后两个部分，分别为包括餐饮、会议、健身娱乐设施在内的公共区域以及静谧的庭院和宾客住宿区域。酒店建筑外墙装饰以20,000多块意大利进口的天然赤陶砖。位于酒店中心传统中式庭院般的"神秘花园"内草木萋萋，流水潺潺，为宾客营造出宁静的禅意氛围。大堂和客房都设有景观窗，可以近距离欣赏宁静怡人、绿意盎然的庭院景观。半数以上客房还设有宽敞的私人阳台，可在室外享受惬意时光。

　　从"神秘花园"中射入的自然光线，闪烁在位于地下二层室内游泳池的粼粼水波之上，游泳池由天然石材铺设，感觉空灵，憩游其中，顿感释然。

20

上海瑞金洲际酒店

InterContinental Shanghai Ruijin

上海瑞金洲际酒店现揭幕178间舒适典雅的客房，分布在风格迥异的洲际贵宾楼与主楼中。大理石样式地坪、方格天花板、精致硬木画板等设计细节无不令洲际贵宾楼重现了20世纪30年代时期老上海的雍容华贵。酒店大堂深处的大幅定制壁画描绘着20世纪早期的上海城街景。

项目提供：上海瑞金洲际酒店

　　沿着洲际贵宾楼大堂踱步入内，一间彰显浓郁老上海风情的电影图书馆展现眼前。复古壁炉前陈列的影视剧照诉说着古往今来曾在酒店中取景拍摄的40余部影视佳作。您也可以在这座风格鲜明的图书馆或会客或休憩。一旁的行政酒廊则能提供品种繁多的早餐、下午茶及鸡尾酒选择。

　　贵宾楼80间崭新舒适的高品质客房，其中包括10间西洋风格套房，36间带有阳台或露台的客房览尽园中茵郁花木与湛蓝喷泉。房内选用色调深沉的紫檀木，精致水晶吊灯透射缕缕柔光。浴室采用了美观方便的双台盆设计。

　　主楼在设计上完美糅合了老上海的摩登风情与清冽简约的当代艺术设计之风。挑高9层楼的椭圆形开阔中庭悬挂着两座各重1.5吨的巨型水晶吊灯，如此恢弘壮丽的大堂设计令人过目难忘。客房采光明亮，鸽蓝色的主色调佐以上海当地艺术家居风格，呈现出庭院式的浪漫风情。

　　酒店中餐厅馨源楼所在建筑建于1920年，是以日式花园美景轰动一时的"三井花园"原址，设计借鉴意大利文艺复兴时期建筑特色，糅合法式建筑风格。建筑外立面以红砖砌筑，典雅之余亦彰显不凡韵味。为此栋老建筑注入灵魂与活力的是Kokai Studios，由意大利建筑师Filippo Gabbiani和Andrea Destefanis于2000年联合创立于威尼斯。馨源楼秉承"家"的温馨理念，传统中式设计的和雅清馨与西式细节的优雅尊贵巧妙融合。

21

上海外滩悦榕庄

Banyan Tree, Shanghai Bund

坐落于上海标志性的外滩地区，上海外滩悦榕庄致力于打造豪华都市度假酒店，定将成为黄浦江畔令人瞩目的新地标。环抱透露着浓郁老上海历史风情的外滩风光，与陆家嘴金融贸易区鳞次栉比的摩天高楼隔江相望，酒店将秉承悦榕庄一贯的优雅浪漫和豪华低调，尊贵智享一流的设施、贴心的服务和令人如沐春风的亚洲式热情与好客，愉悦体验悦榕庄品牌之精髓。

项目提供：上海外滩悦榕庄

　　上海外滩悦榕庄简约的设计透露出豪华度假酒店的独特魅力，酒店的外观设计独具匠心，葱郁的绿化环绕让酒店幽静沁香。上海外滩悦榕庄不仅营造精致别样的舒适与放松，还将引领宾客踏入世外桃源，暂别城市喧嚣，身心愉悦。

　　上海外滩悦榕庄是现代摩登与古典优雅的完美融合，坐拥130间颇具巧思设计的客房。所有客房均配有超大景观窗，无遮挡全景俯瞰浦江两岸迷人景致，并与摩登浦东的繁华金融区交相呼应。

　　客房的室内装饰散发出亲近自然的气息，尊贵的木质内饰、中性色彩的布艺、时尚的家居装饰和现代化的内部设施共同营造出豪华而不失自然，尊贵而不失温馨的经典气息，上海外滩悦榕庄倾心于让每间客房拥有生命，灵动呼吸。

22

深圳东海朗廷酒店

Shenzhen Donghai The Langham London Hotel

自1865年创建至今的朗廷酒店，140多年来一直凭借着恒久不变的待客之道与引领潮流的设计屹立于酒店业的最前端。今天，朗廷将这一瑰丽奢华的传奇带到了深圳。位于深圳最繁华的商业中心——福田区，酒店为客人带来瑰丽奢华、别致典雅的尊贵享受。

项目提供：深圳东海朗廷酒店

　　深圳东海朗廷酒店352间典雅的客房及套房，完美的融合了现代设施与当代设计，兼具恒久不变的典雅高贵。置身于静谧优雅的私人空间内，宾客可以暂且忘却生活的烦扰，尽情体验朗廷的迷人风格和传统英式豪华享受。

　　豪华双层的朗廷会是深圳东海朗廷酒店的瑰丽珍宝，灵感源自维多利亚时代的私人俱乐部，为宾客们提供一处宁静的世外桃源。位于酒店三楼的瑰丽宴会厅传承伦敦朗廷酒店奢华典雅之精髓，并配以赏心悦目的水晶吊灯满足客人举办不同类型的宴会及活动需求。此外，酒店的空中花园设计别出心裁，是举办时尚鸡尾酒会或社交活动的理想场地。

23

西安威斯汀大酒店
Xi'an Westin Grand Vancouver Hotel

西安威斯汀酒店坐落于历史文化名城，有"十三朝古都"之美誉的西安的大雁塔南广场，威斯汀酒店以文化为主线，表现文化园区的特点，将主打文化博物馆概念，体现新颖的唐风、现代的唐风，整个项目注重于文化内涵，酒店整体风格将融会于中国唐代建筑的风格，采用传统中式庭院的设计理念，主体建筑之间有回廊连接，在回廊上将建成全景观的咖啡厅。

设计公司：上海如恩设计研究室 项目地点：陕西西安 项目面积：91511平方米

　　西安威斯汀大酒店坐落在有着900多年历史的大雁塔对面。从这一显著的地理位置即可窥探出酒店建筑本身的灵动设计。4幢主楼由砖石与灰泥屋顶构成，组成不规则的长方形形状。每幢楼都采用了大量的天窗采光设计，营造出一个个充满自然光线、氛围清幽怡人的庭院。大多数客房都采用了狭长的窗户，独特的角度专为观赏大雁塔而设计，以巧妙地方式凸显出地域与文化特色。整个酒店建筑的外围是一圈如同镜面一般清澈的水道，其中倒映出的蓝天白云使酒店如同置身于无垠长空中一般。

　　酒店宏伟入口处的阶梯令人震撼，拾级而下即可到达位于地下二层的巨大下沉式花园。这个充满自然光照的地下空间是整个酒店建筑的核心所在，也是酒店主要的公共区域，巧妙地呼应了西安两大文化景点的特色，即半坡遗址和兵马俑。下沉式花园中还有十分浪漫的水上凉亭景观和精心布局的灯光照明效果，在夜晚，这里就如同沉浸在漫天星光之下。

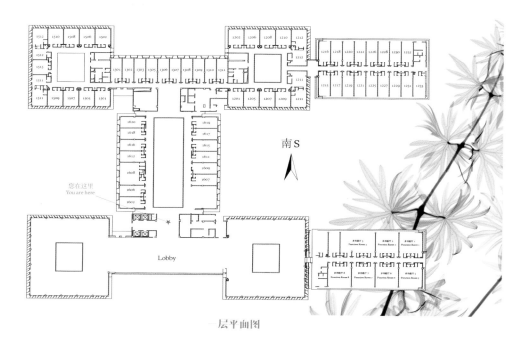

一层平面图

南S

您在这里
You are here

Lobby

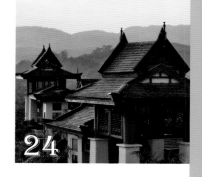

24

西双版纳安纳塔拉度假酒店
Xishuangbanna Approved

西双版纳安纳塔拉度假酒店藏于中国云南省原始森林的怀抱中，是进入该地区体验大自然美景和丰富文化的门户。 酒店依傍蜿蜒曲折的罗梭江，将本地引人入胜的美景融合现代风格。 郁郁葱葱的热带花园充满了西番莲和野生兰花的甜蜜气味。 典雅的豪华单间和宽敞的泳池别墅在原住民艺术中汲取设计灵感，将先进的娱乐设施和专属管家服务融入其中，体现设计者的匠心。

项目提供：西双版纳安纳塔拉度假酒店

　　置身高端的西双版纳度假酒店中，尊贵的客人可以在户外餐厅饱览蜿蜒曲折的河景，尽享傣族和泰国北部风味佳肴。同时参加村寨游，感受西双版纳的传统活动；回到安纳塔拉，在酒店学会制作傣族美食，然后享受闻名世界的安纳塔拉水疗呵护，充分放松身心。神奇与快乐的体验尽在西双版纳度假酒店。

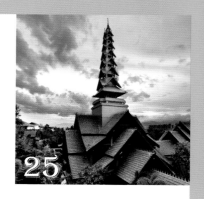

25

西双版纳皇冠假日度假酒店

Xishuangbanna crown Holiday Resort

具有傣王宫风格的西双版纳避寒皇冠假日度假酒店坐落于中国云南省南部风景如画的热带园林，其迷人的设计融合了当地的特色文化及丰富的自然生态。酒店是景洪市的首家五星级国际品牌酒店，位处被联合国教科文组织列为世界生物圈保护区的西双版纳，这里荟萃广袤的热带雨林、自然保护区及大象乐园。

项目提供：西双版纳皇冠假日度假酒店

　　酒店入口设计融合了当地特色及泰国风情元素，墙壁以当地红色与黑色火山岩及云南天然木材等特色材料打造。拥有泰式开放高耸的天花板的酒店大堂内，一处高10米的瀑布如白色绸缎般飞泻而下，令客人仿佛置身热带雨林世外桃源。

　　占地19万平方米的度假酒店拥有一系列风格迥异的客房、6间餐厅及酒吧、金色的梯田、可供客人参拜的佛堂，以及由泰国设计公司P49Deesign设计的面积约5,000平方米的会议空间。酒店的520间客房均拥有超大阳台，可随时欣赏热带花园美景，视野开阔，且房间设计各异，融汇众多东南亚特色元素。

　　酒店的会议及宴会中心拥有云南最大的宴会厅锦隆金殿（Dragon Ballroom），可同时容纳1,500人就餐。宴会厅以佛教圣树菩提树的树叶装饰，而枝形吊灯象征着倒悬的楼阁式宝塔。此外，洛坤宫（Royal Hall）与玛麟宫（Kylin Hall）拥有独特的设计，例如泰式建筑中常见的五片扇叶吊扇，与周围景致相得益彰，为客人提供更多的会议场所选择。

　　酒店的路灯形如孔雀羽毛，在夜晚投下柔和的光线，度假村内有溪流蜿蜒曲折而过，一座六角形的宝塔矗立其中。

　　酒店中央可供参拜的佛堂周围，精心分布着5种树与6种花，其中包括佛经中常提及的金莲花，给人以圣洁与宁和之感。

26

杭州西溪喜来登度假酒店
Sheraton Hangzhou Wetland Park resort

杭州西溪喜来登度假酒店位于西溪湿地东侧，环抱于西溪湿地水网密布的水道之间。酒店的主入口对面便是原生态的西溪湿地。

设计师：Donald W.Y.GOO古华勇、马启鸿 设计公司：建筑设计：WIMBERLY ALLISON TONG&GOO 项目地点：浙江杭州 项目面积：66925平方米
主要材料：主砖、古铜板、橡木、樱桃木、胡桃木、石材（圣罗兰、铁网灰）、手绘墙纸、preciosa灯具、杜拉维特洁具五金、海马地毯、雷士照明灯具

　　酒店的主体外观为典型的江南水乡风光，以"白墙、灰瓦、朱红色的立柱"简洁地勾勒出一丝古朴和悠然。大堂的风格延续了度假型酒店的气质，人字形屋顶配合木质柱梁，天花板上更是巧妙地使用贝壳贴片装饰，在灯光的配合下泛出五彩缤纷的色彩。酒店大堂中央的中空区域是一片竹林，让客人一进入大堂映入眼帘的便是竹海，这也与酒店所处的西溪湿地所呼应，尽显湿地之美。大堂区域也运用了大量的杭州元素作为点缀，比如杭州的刺绣，陶艺等。

　　穿过大堂竹海区域，便来到了大堂吧，太阳透过整面的落地玻璃毫不吝啬的将阳光洒满了整个区域，而户外的露台区域更可让客人与大自然零距离交流。高悬的琉璃灯饰，粉绿相间，取意蝶舞飞扬，宛若百只彩蝶萦绕立柱翩翩起舞，而这些琉璃灯饰均是由土耳其艺术家手工打造而成，价值不菲。

27

长白山万达威斯汀度假酒店

The Westin Changbaishan Resort

长白山万达威斯汀度假酒店，坐落于万达长白山国际度假区的中心地带，毗邻滑雪场并有专用滑雪通道，客人可从酒店直接进出滑雪场。

项目提供：长白山万达威斯汀度假酒店

　　262间配备天梦之床（Heavenly Bed）的魅力客房、设有开放式互动厨房的知味标帜餐厅、长白山地区独具特色的韩餐厅、备受赞誉的威斯汀天梦之浴（Westin Heavenly Bath）、标帜性的威斯汀天梦水疗（Heavenly Spa）和诸如覆盖整个酒店的无线互联网等服务与设施，营造出追梦体验。

重庆凯宾斯基酒店
Kempinski Hotel Chongqing

重庆凯宾斯基酒店坐落于扬子江畔，毗邻重庆国际会展中心，拥有设施先进的各式豪华客房及套房416间。可领略醉人长江美景抑或璀璨城市景观。

设计公司：J&A 姜峰设计公司 项目地点：重庆 项目面积：约5.6万平方米 主要材料：金蜘蛛石材、白金米黄石材、魔幻黑石材、幻彩玻璃、黑胡桃木、白橡木、浅桃木等

　　作为世界上最为古老的豪华酒店品牌，凯宾斯基有着来自德国贵族显赫的地位和尊贵的血统。设计过程中，设计师在剖析酒店品牌内涵的同时，对重庆的特色和地域文化进行了深度挖掘。重庆素有"山城""雾都"之称，迷雾中的山城充满了诗意和神秘的特质，人们称这些奇妙风景作"高山城市"。同时重庆拥有3000年的历史沉淀，四周围绕着三峡、石林、石雕等巍峨壮丽的自然人文景观，名字也因带有"双喜"的寓意沿用至今800余年。设计师结合地域、人文、历史及建筑的特色，把该项目想象成是一个充满幻想戏剧性的豪华游轮，打破传统的设计手法，为旅客打造一段"一生一次"永志难忘的旅程。

酒店大堂犹如游轮内部的"舞台",设计师把几个主要元素:河流、高山或悬崖,进行了艺术化的抽离,贯穿于酒店的主要空间中,天马行空却又不失趣味,将户外的自然元素巧妙地移景到户内,发掘客人的探险家精神。"舞台"的天花富有韵律和节奏,赋予了空间灵动和现代的美感。美轮美奂的场景和安静的钢琴让人联想到电影《海上钢琴师》,情愫在琴键上流淌,音符抚过心爱人的轮廓,隽永而细腻。

"游轮"在现代与未来、经典与梦幻中航行,把欧陆典雅和重庆多姿的历史和文化完美地交融在一起,无与伦比的奇幻之旅即将起航。

29

沈阳君悦酒店

Shenyang Jun Yue Hotel

全球酒店室内设计业翘楚HBA/ Hirsch Bedner Associates为凯悦酒店集团位于中国东北部的首家酒店——沈阳君悦酒店进行设计的过程中，巧妙地结合了传统文化与现代活力。

HBA在设计沈阳君悦酒店时锐意将现代品牌标准与沈阳的文化历史、经济脉络和多采风貌互相融合，为商务、休闲旅客以及当地富裕人士打造第二居停，让他们宛如置身家中一般。

　　酒店的迎宾大堂旨在促进全球宾客与沈阳生活的密切互动，高耸达12米的墙壁以淡雅的奶白色石灰岩打造。迎宾大堂背景是一面古铜色的屏风，灵感源自沈阳兴旺的工业及制造业活动，其环环相扣的长方形金属栅格更是贯彻于整间酒店各处的设计元素。这些栅格十分引人注目，引领宾客往上方探索——三层分隔面板并列在墙壁之上，宛如巨型书架一样。这些高挂壁架上放有为酒店特别设计的亮白雕塑品，展现沈阳的生活百态。

　　位于25楼的接待大堂把沈阳的温馨氛围延伸到此，营造出"家"一般的温暖感觉。甫踏出升降机，开扬景观随即映入眼帘。宾客可安逸地置身于富有现代感的环境之中，领略沈阳淡淡的古雅气息。

　　迎宾大堂的古铜色矩形栅格屏风也延续至接待大堂，成为了楼层与楼层之间的视觉桥梁。接待处柜台下方发出亮丽光芒，其精工雕刻灵感源自沈阳皇宫的图案。另一方面，深紫色地毯与清朝显赫辉煌的气派遥相呼应，上面一缕缕的橙色花纹则取材自皇室之花牡丹。这些帝王色彩与墙上的图案正描绘着一场皇室盛典。

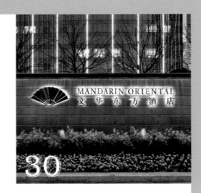

30

上海浦东文华东方酒店
Shanghai Mandarin Oriental Hotel Pudong

上海浦东文华东方酒店地理位置得天独厚，酒店被陆家嘴耀眼的摩天大楼所环绕，独特地融合了时尚舒适与绝妙的设计、世界一流的餐厅、静谧的水疗中心和文华。东方传奇式的服务及世界级酒店设施，便捷的中心地理位置为东方明珠奢侈江畔生活赋予全新定义。

设计师：姜峰、J.Lee 设计公司：J&A姜峰设计公司 项目地点：上海 项目面积：66000平方米 主要材料：贝壳马赛克、胡桃木、香槟金、皮革、大堂马石材
摄影：孙翔宇

　　酒店拥有318间宽敞的客房及44间套房，酒店客房均配设落地窗，入住宾客可尽情欣赏黄浦江两岸及陆家嘴金融区的城市美景。上海浦东文华东方酒店总统套房堪称全上海最大的总统套房。顶级室内设计艺术与788平方米敞阔空间浑然天成，叹为观止的空中花园景观平台镶嵌其中。

　　J&A将项目的室内表现从色彩、风格以及设计手法上与其他酒店区别开来，经过前期分析和定位，将灵感来源做了仔细的筛选和提炼：黄浦江粼粼的波光、上海前卫的城市建筑、古旧里弄的玻璃窗格和梧桐树下的墨韵书香等等，以此转化成具体的设计元素贯穿于整个酒店的设计中。

　　在空间中大量使用现代简洁的线条和造型流畅的家具，使整个空间充满现代气息；其次，结合地域特色，用隐喻的手法将具有上海特色元素的黄浦江、屏风、窗格等融入整个设计中，让人不经意间就能发现隐匿在浓烈现代气息中的东方情怀；再次，运用尺度夸张的造型和精美的艺术品，营造出高雅的艺术氛围；最后，设计师跳出浓重的色彩和统一的色调，大量采用缤纷柔和的半透明材质，使原本长而窄的公共空间变得通透而开阔。

　　上海浦东文华东方酒店设计风格充满着东方文化灵韵，与上海规模最大的中国当代艺术品典藏相结合，尽情演绎着奢华、优雅的江畔格调与气息。

31

静安香格里拉大酒店
Jing An Shangri-La, West Shanghai

香格里拉酒店集团麾下上海第三家奢华酒店——静安香格里拉大酒店已于6月29日华丽揭幕。酒店地处浦西中心地段，设计风格摩登精致，映衬了上海这座活力都市的过去、现在及未来。

项目提供：上海静安香格里拉大酒店

　　酒店拥有508间客房，位于总建筑面积达45万平方米的静安嘉里中心内。自1993年起，香港嘉里集团开始收购整合静安嘉里中心所属地块，并致力将其打造成结合高端及多功能性的综合商业体。其中，静安香格里拉大酒店更融入了香格里拉酒店集团的全新设计理念。

香格里拉酒店以丰富、典雅的水晶灯而闻名遐迩。静安香格里拉大酒店则完美延续了这一传统，并巧妙地运用到极致。酒店的装点使用了超过四百万颗的水晶。从入口处的流线型水晶屋顶，到布满水晶幕帘的前台和大堂酒廊，无不散发着璀璨的光芒。

被加工成雕刻品的水晶同样不胜枚举。水晶镂空云朵漂浮于宴会与会议中心的通道顶端，引导宾客搭乘扶梯抵达位于5楼的静安大宴会厅。总面积达1,743平方米的大宴会厅宏伟大气，堪为浦西之最。高达10米的层顶布满闪烁光棒、水晶隔板以及连绵漂浮的"水晶云朵"。

艺术品是香格里拉酒店不可或缺的一部分，静安香格里拉更不例外。

艺术品类型分别有雕塑、画作、剪纸、摄影、纺织艺术和专为静安香格里拉大酒店所制作的装饰物品。每件作品都在形神虚实中渗透着中国博大精深的文化。

酒店公共区域和走廊所铺设的丝质地毯均为手工完成，其设计也与画作图案相呼应。内容由传统水彩画、莲花、鱼类和五彩花卉所启发，极富诗情画意。

酒店拥有4个餐厅与酒吧。上海海派文化与国际都市魅力在此汇聚交融，为宾客带来多元的感官体验。其中夏宫中餐厅内的陈设、艺术品、配饰均取自传统国画题材——孔雀，而橙色、绿色和蓝色基调加以金黄斑点与之润饰，浑然一体，妙趣横生。

夏宫中餐厅将区域巧妙地划分为现代时尚的3个空间，别致高雅的用餐环境给宾客带来截然不同的美食体验。

1515牛排馆酒吧将老上海电影与经典美式牛排馆风格融合在一起。餐厅精选各类牛肉，辅以美式甜点和特色酒品，为宾客创造出餐饮新概念。

全日制餐厅两咖啡的首层提供焕然一新的半自助用餐方式，由鲜绿、橙黄和褐色构成的色调靓丽明快。沿旋转楼梯而上至二楼，是日式餐厅，主要提供禾风料理。客人们在享受用餐之余，还能欣赏到花园、喷泉及3,000平方米中庭露天广场景观。

与两咖啡两两相望的是一幢位于中庭"城市广场"内的两层独立餐厅。这间即将开业的餐厅Calypso，由玻璃构成，竹林环绕。休闲别致的餐饮概念将为宾客带来别具一格的感官盛宴。该餐厅是由世界知名的建筑师坂茂先生所设计完成。

酒店建筑共60层，客房位于30至59层。从每间客房的落地窗远眺，可从不同角度欣赏上海瑰丽无限的城市景色。整体色调富有当代气息，重点突出银白的设计风格，并配以暖色调的红木镶板。每间客房浴室内都配备大理石地暖、丝光玻璃、挂壁式双面镜、单体浴缸和独立淋浴。墙上镶有精巧别致的壁砖，与其他元素相得益彰。客人在此可以充分享受到奢华的私人空间，体验宾至如归的惬意。

32

广州文华东方酒店

Guangzhou Mandarin Oriental Hotel

广州文华东方酒店位于享负盛名的太古汇之内，提供233间客房、30间套房及24间服务式公寓。太古汇为一个占地45万平方米的综合发展项目，集顶级购物、甲级写字大楼以及一个令人赞叹的文化中心于一体，坐落于广州天河商业区，是珠江三角洲的最新地标。

设计公司：季裕棠设计师事务所 项目地点：广州

广州文华东方酒店位于享负盛名的太古汇之内，太古汇为一个占地358,000平方米的综合发展项目，集奢华购物、甲级写字大楼及令人赞叹的文化中心于一体，酒店拥有广州城中最大的酒店标准客房。

　　酒店233间客房和30间套房传承了文华东方酒店品牌精致典雅的经典风格。酒店的设计由季裕棠设计师事务所 (tonychi and associates) 操刀。设计糅合了传统东方元素和"新中国"的现代特色。

　　广州文华东方酒店将中国传统和西方经典融合并创新，为广州带来美食的升华。酒店的粤菜餐厅由辉师傅主理，辉师傅是中国最优秀的厨师之一，以他的创意粤菜而闻名。经典烧烤餐厅Ebony、茶廊悦茶居、文华饼店和独具特色的The Loft酒吧等为宾客提供了丰富选择。

　　广州文华东方酒店的水疗中心为宾客提供了一个难得宁静与惬意放松的机会。水疗中心共设有9间私人水疗室，包括两间情侣水疗室和一间VIP水疗室。宾客可在护理前享受"高温及水力治疗设施"，让身心充分放松。设施齐全的健身中心配有25米长的户外温控泳池与配套健身康体设备。

　　一流宽敞的会议与宴会厅配有最新的科技设施，总面积达750平方米的宽阔气派大宴会厅必将成为城中奢华顶级宴会庆典的首选。

湖州喜来登温泉度假酒店
Sheraton Huzhou Hotel and Spa Resort

湖州喜来登温泉度假酒店独特的指环形27层结构包括两个弧形塔楼 —— "水晶楼"和"翡翠楼"，地上建筑巍峨耸立100多米高，自问世就引起国际设计界的关注。酒店拥有321套装饰豪华的客房和别墅，坐落于地下两层的喜来登轩逸水疗中心连接两座主楼；天籁温泉水疗中心涵盖39栋水疗别墅和101个天然温泉泳池。

　　酒店拥有282套豪华现代客房位于塔楼内部，许多酒店设施位于两塔联合的拱形结构之中。此外，酒店建筑还包括由餐厅、宴会厅以及多功能会议厅组成的环形低层附属建筑。酒店的室外婚礼岛、无边界泳池和私人沙滩延伸进入其太湖专属区域。

酒店建筑

深受中国传统文化的影响，马岩松推出另一种现代经典设计。主楼倒影水上，宛如一轮皓月——这一元素在中国文化中具有重要的象征意义。

湖州喜来登温泉度假酒店的主楼总高度达101.2米，地上27层，地下2层，优雅地伫立在太湖之滨，是湖州的现代标志。设计理念独特，选用纽约帝国大厦和与众不同的台北101大楼均曾采用过的"钢筋混凝土核心筒"结构。夜幕中，华彩纷呈、排列有序的LED灯缠绕着两座弧形塔楼，使主楼成为令人惊艳的艺术佳作。

室内设计

为了创造和外观同样璀璨夺目的景观，湖州喜来登温泉度假酒店的室内设计采用大量玉石和珍贵石材。主楼天花板悬挂着20,000颗施华洛世奇和欧洲天然水晶灯，大堂中央巍然摆放着28吨、6米宽的"波斯玉原石"。在中国文化中，玉石被视为纯洁高贵的象征，中国人笃信这种珍贵宝石可以延年益寿、修身养性。其设计由知名室内设计公司——美国HBA室内设计事务所倾力打造，每间客房都各具特色，大量装饰着珍贵玉石，同时配备定制进口家具。

天籁温泉水疗中心

天籁温泉水疗中心是中国最大最精致的天然温泉度假村。温泉水疗中心包括101个温泉泳池、39栋温泉别墅和68间独立理疗室，规模宏大，绵延20,000平方米，毗邻标志性的湖州喜来登环形主楼。天籁温泉水疗中心的中央是一个大型玻璃穹顶温泉中心，拥有26个形状和规格各异的私密温泉泳池，度假村的湖光美景在此尽收眼底。

玻璃穹顶温泉中心的外面是一个个独立的室外温泉池，极目远眺，一直延伸到太湖之滨。8座水疗别苑分散在室外星罗棋布的温泉池边，客人在此可体验各式理疗及按摩。在天籁温泉水疗中心主楼内部，客人

可以到21个理疗室内体验身体和足部按摩。

　　除了规模宏大的天籁温泉水疗中心，这里还有37栋独立式温泉别墅和两栋总统别墅。每套别墅面积从单卧到三卧大小各异，分别配有专用的室外温泉池、花园以及温泉洗浴和淋浴设施。

　　餐饮

　　湖州喜来登温泉度假酒店设有六个特色餐厅和两家酒吧，提供品类丰富的中外美食。喜来登标志餐厅——盛宴餐厅设有多个开放式厨房和户外滨湖露台；在开放式厨房，专业厨师为客人精心烹制品类每日更新的东西方美食。

　　采悦轩中餐厅设有一个时尚的开放式餐厅和15间宽敞的湖景私人包间，客人在此可以品味到由来自香港烹饪大师袁师傅（Stanley Yuen）及其广东厨师团队提供的正宗中国美食。YUE 26是采悦轩中餐厅位于酒店26层的一系列包间，为客人提供更加私密的环境。私人沙滩旁边的龙虾吧提供来自世界各地的龙虾。大堂吧是品味咖啡、中式茶或餐前饮品惬意放松的好地方，这里环境温馨迷人，令人留恋。

　　在连接水晶楼和翡翠楼的拱门结构顶部，一家现代时尚的四川火锅餐厅——Starlight Chuan和一家精致高雅的日式餐厅——Starlight Kaiseki于2014年2月盛大开业。拱门最顶部是Starlight Bar，客人可在此一边品味经典鸡尾酒和市内种类最丰富的单一麦芽威士忌，一边尽情欣赏整个度假村的迷人景色。

　　婚礼、会议与活动

　　宽敞的会议活动设施使得湖州喜来登温泉度假酒店成为真正的聚会好去处。会议功能区面积超过2,200平方米，包括一个无柱宴会厅和16个会议室，可根据不同的场合需求自由配置。300平方米的太湖会议厅位于主楼27层，拥有令人惊叹的全玻璃设计，可以欣赏太湖全景美景。

　　此外，度假村设有一个1,600平方米的指环形婚礼岛，这个尤其适合私人聚会的田园式户外场所缓缓延伸到湖心，对即将步入婚姻殿堂的新郎新娘来说颇具吸引力。客人亦可选择酒店另一边的玫瑰花园举行婚礼仪式或活动，及拍照。花园内曲径通幽，圆形草坪芳草茵茵，各种玫瑰花团锦簇，是举行各种活动的高雅场所。

曲阜香格里拉大酒店
Shangri-La Hotel,QuFu

酒店巧妙地将儒家理念和中国传统风范以及现代建筑风格融为一体，运用现代的手段彰显了曲阜的历史传承。酒店以中国建筑特色为基调，由两栋主体建筑和多个中式亭苑组成，青砖飞檐的庑殿式屋顶错落有致，构成一组气势恢宏的建筑群。酒店的内部设计理念表达了儒家关于"礼、德、仁"的三大主体思想，结合孔子"礼、乐、射、御、书、数"六艺的理念，传递给宾客浓厚的文化气息。

设计公司：KKS,AB Concept,CCD 项目地点：曲阜 项目面积：50494平方米

　　酒店大堂为充分表现8.5米高耸天花的气势，踏进大堂的一刻，即可见一组大型的装置组群，过百个排列井然的小灯笼围绕中庭的天窗，描绘出与四合院相近的布局，无论日夜，其光与影产生出不同的变化成为大堂的中心亮点。高耸亮红色的屏风，衬托以方圆为形态的巨型吊灯，巧妙分割广阔的空间。每扇屏风均以无数精细的立体图案结合而成，令宏伟的空间添上些许细腻的点缀。

　　餐厅的内部装饰色彩或是低调的金色，或是原木色，或是深橙色，彼此间协调搭配，彰显现代特色的中国古典风格。墙面由丝绢装饰，上有手工刺绣的中国花鸟庭园图案，寓意吉祥美满。五个包房和开放就餐区由玻璃墙面隔开，上绘水墨山水花鸟图。

　　酒店还设有咖啡厅，提供全天候国际特色美食，开放式厨房林立；大堂酒廊提供丰富的茶饮。酒店还设有1,600平方米的无柱齐鲁大宴会厅，其前厅连接宽敞明亮的户外露台，六个多功能厅、一个新娘房和"聚贤堂"贵宾室。